谈祥柏数学故事集

谈祥柏　著

北方联合出版传媒（集团）股份有限公司
春风文艺出版社
·沈　阳·

图书在版编目（CIP）数据

谈祥柏数学故事集 / 谈祥柏著. —沈阳：春风文艺出版社，2023. 11
（大数学家讲故事）
ISBN 978-7-5313-6522-8

Ⅰ. ①谈… Ⅱ. ①谈… Ⅲ. ①数学— 少儿读物 Ⅳ. ①01-49

中国国家版本馆CIP数据核字（2023）第165603号

北方联合出版传媒（集团）股份有限公司
春风文艺出版社出版发行
沈阳市和平区十一纬路25号 邮编：110003
辽宁新华印务有限公司印刷

选题策划：赵亚丹 责任编辑：刘 佳
责任校对：张华伟 绘 画：郑凯军
封面设计：金石点点 幅面尺寸：145mm×210mm
字 数：50千字 印 张：4
版 次：2023年11月第1版 印 次：2023年11月第1次
定 价：25.00元 书 号：ISBN 978-7-5313-6522-8

目录

百兽自夸

有一天，上帝召集世间百兽，要把它们的缺陷清除。他说：“一切众生啊，都来到我的脚下。说说你们的不满，谁也不用害怕。”他要猴子首先发言，便说：“上前吧，调皮的猴子，你的不满理所当然，只消比比相貌，你怎么能不抱怨？”调皮的猴子回答：“我？为何要抱怨？我不也四肢俱全，仪表堂堂，不曾有人说过难看！倒是我的大熊兄长，的确长得相当粗气！五大三粗，笨头笨脑，谁也不愿同它合影留念。”大熊摇摇摆摆地走了过来，大家以为它很悲哀，可是当它说到自己，简直越说越可爱！它对大象做了批评，认为大象首尾都有毛病："耳朵大得有些过分，尾巴小得太不相称！一个长长的鼻子卷起巨木，简直使别人吓出了魂。象兄的身体过分臃肿，没有半点优美腰身。你要别人叫好，就必须把自己来一个彻底改造——既要缩小耳朵面积，又要放

大尾巴尺寸。”

大象的发言跟别的动物一样，它先把鲸鱼嘲笑了几句：“如果按照我的口味，这位太太实在太肥。”大象发言完了之后，接着蚂蚁自称巨人，狐狸自比军师，饿狼称自己胜过外婆……

动物们一番自夸以后，上帝把它们一一遣走。看完这则寓言故事，你可能会觉得这些动物十分愚昧，但其实我们人类也不例外。不论过去还是现在，大部分人身上都挂着两只口袋：前袋装着别人的缺点，一切看来都很明显；后袋装着自己的缺点，挂在背后老看不见！

上面这则寓言名叫《褡裢》，又称《百兽自夸》，是法国著名寓言大师拉封丹的杰作，原文采用的是诗的形式。

有位数学教师非常欣赏这则寓言，于是他挖空心思，开动脑筋，把它改造成了一个既通俗又有趣的数学游戏。这个游戏是这样的：

先设定“动物学号”。学号同英文字母对应，就是说，1相当于A，2相当于B，3相当于C，4相当于D……下面是一些常见动物和它的“学号”对应表：

1	Ant（蚂蚁）
2	Bear（熊）
3	Cat（猫）
4	Duck（鸭）
5	Elephant（大象）
6	Fox（狐狸）
…………	

然后，请你在1到10中间选定一个数字，但不要告诉我。把此数乘上9，答数可能是一位数

或两位数。如果是两位数的话，那就请你把个位数与十位数相加起来，最后得出一个数，例如3×9=27，2+7=9。把该数再减去4，所得到的差数便是“动物学号”了。

现在，我可以肯定，不论你当初选什么数，用此算法最后得到的一定是大象的“动物学号”！你信不信？

如果你想要的是“狐狸”而不是“大象”，那么，应该怎样加以修改？

1+1=11

近来看了一位法国数学家写给孩子们看的数学读物，深有感触。他说，为了开发智力，几乎每一本趣味数学书都要收入火柴游戏，不收不像话。但是，火柴是有毒的，不能让幼儿去接触，所以一定要使用其他东西替代。牙签也不合适，它的样子虽像火柴，但太尖锐，一不小心就容易伤人。最好是用一次性筷子，把它们截短……这位专家学者反复叮咛，实在令人感动。因此，本书中所提到的各种“火柴”游戏，所使用的道具都不是真正点火用的东西，它们不过是打上引号的火柴而已。

开场白已完，现在请做下面的火柴游戏：

$$1+1=11$$

要求只动一根火柴，使答案变成130，你能做到吗？

别看它是雕虫小技，这道小题目不容易，许多机灵的小伙子都在它的手下做了败军之将。

原来它是埋有“伏笔”的！你不想想，直接搭出130，需要多少根火柴？那是根本不可能的。

这就逼得你去动歪脑筋，也就是时下很流行的所谓“脑筋急转弯”了。

一旦想通了，其实是一点都不难的，只要把搭成等号的两根火柴之一斜放到“+”号之上：

$$141-11$$

出现了一个算式141-11，差数不正是130

吗？做这道题目，滋味极浓，难怪有一位外国朋友说，做这题好像老和尚参禅，一旦参透，就豁然开朗、大彻大悟了。

猜中与猜不中

有些游戏就是怪：看来能猜中的偏偏猜不中，看来猜不中的偏偏又能猜中。

不信，来看下面的故事。

小牛和小马、小羊在一起做游戏。小牛在两张纸上各写一个数。这两个数都是正整数，相差为1。他把一张纸贴在小马额头上，另一张贴在小羊额头上。于是，两个人只能看见对方头上的数。

小牛不断地问他们："你们谁能猜到自己头上的数?"

小马说："我猜不到。"

小羊说：“我也猜不到。”

小马又说：“我还是猜不到。”

小羊又说：“我也还是猜不到。”

问了3次，小马和小羊都说猜不到。可到了第四次，小马高兴地喊起来：“我知道了！”小羊也喊道：“我也知道了！”

请你想想，他们头上是什么数？你是怎么猜到的？

原来，“猜不到”这句话里，包含了一个重要的信息。

要是小羊头上是1，小马当然知道自己头上是2。小马第一次说“猜不到”，就等于告诉小羊：你头上的数不是1!

这时，如果小马头上是2，小羊当然知道自己头上是3。可是，小羊说猜不到，就等于说：小马，你头上不是2!

第二次小马又说猜不到，说明小羊头上不是3。小羊也说猜不到，说明小马头上不是4。

小马第三次说猜不到，说明小羊头上不是5。小羊也说猜不到，说明小马头上不是6。

小马为什么第四次就猜到了呢？原来小羊头上是7。小马想：我头上既然不是6，他头上是7，我头上当然就是8啦！

小羊于是也明白了：他能从自己头上不是6而猜到8，当然是因为我头上是7啰！

实际上，即使两人头上写的是100和101，只要让两人面对面反复交流信息，反复说“猜不到”，最后也总能猜到正确答案。

这游戏还有一个使人迷惑的地方：一开始，当小羊看到对方头上是8时，就肯定知道自己头上不会是1，2，3，4，5，6；而小马也会知道自己头上不会是1，2，3，4，5。这么说，两人的前几句“猜不到”似乎没用。其实不然，因为少了一句就极有可能猜错。这里面究竟是什么道理呢？你得仔细想想。

另一个游戏是：小牛偷偷在纸上写了一句话，要小马和小羊分别猜这句话对不对，并把猜到的结果写在纸上。

小牛说：“你们两人中只要有一个猜中了，就算你们胜；如果都猜不中，你们就输了。”

小羊自信地说：“我们一定能赢。我猜你这

句话说得对，小马猜你这句话不对，总会有一个人猜中吧！”

可是，结果还是小牛胜了。

原来，小牛写了这样一句话：你的纸上写的是“不对”。

小羊在纸上写的是“对”，这时，小牛这句话当然错了。可小羊猜的是“对”，当然没猜中。

小马呢，他在纸上写的是“不对”，这时，小牛这句话当然对。可小马猜“不对”，也没有猜中。

小羊和小马恍然大悟：“你就是把纸上的话给我们看了，我们也不可能猜中啊！”

上面这两个游戏，都牵涉一些逻辑推理中的怪现象，人们把它叫作“数学悖论”。如何说明悖论、消除悖论，是数学基础研究中的一件大事，许多人正在为此而努力呢！

垂死者的反戈一击

林肯是美国历史上政绩非常突出的一位总统，他深入民间，作风平易近人，而且明察秋毫，不放过任何一个细节。下面要说的案件就是发生在林肯当律师的时候。

一天，汉克农场的会计被谋杀了，他右手还握着一支笔，倒在门前的地上，大门上写着MN两个很大的字母，像是临死时的最后一笔。财务室地上乱七八糟，抽屉里的现金也被洗劫一空。

农场主汉克先生指出犯罪嫌疑人，他说："大门上的字母一定是会计在被害前所写，我看，这一定是那个黑人莫利斯·纽曼（Morris New-man）

干的，他的姓名缩写正好是MN，请警方立即逮捕这个坏蛋。”

纽曼太太感到非常冤枉，就去央求林肯律师代为辩护。

林肯到现场认真勘查，细致地进行了排查摸底，深入思考，终于找出了一个重点嫌疑对象——名叫尼吉尔·沃特森（Nigel Witterson）的农场工人，此人酗酒赌博、打架偷窃，品行极坏。

林肯向警方指出，正是这个人杀害了会计，抢走了现金。心虚的沃特森在经过多次审问之后，终于承认了罪行。

那么，林肯判断凶手的依据是什么呢？

原来，会计在被害之前是背着大门站着，眼看无路可逃，性命难保，心生一计，突然把拿笔的右手伸到背后，在大门上写下凶手姓名的两个字母NW。由于是手放在背后写的字，上下、左

右都会颠倒过来，所以NW变成MN了。

大千世界，数学无处不在。正是由于林肯懂得对称的道理，才能拯救无辜，抓住真凶。

南辕北辙

这个成语出自《战国策》。

战国时代，魏国人口众多，国力强盛。有一年，魏王心血来潮，打算发兵攻打赵国。赵、魏本是友好邻邦，唇齿相依。季梁知道这个消息以后，忧心如焚，连忙动身去劝阻。

见到魏王后，季梁对魏王说：“大王这次攻赵，我也帮不上什么忙，就给大王讲个故事，给大王解解闷。在下这次来见大王，在太行山一带碰到一个怪人，他坐着车驶向北方，却告诉我他的目的地是楚国。我十分奇怪，连忙提醒他，你要去的楚国在南方，怎么朝北走呢？他指着自己的马回答，我的马好，它跑得快；又指指随身行李，我带的钱多，足够路上开销；接着，又向我指指马夫，我有个善于驾车的马夫。说罢，他扬扬得意，乐不可支地大笑起来。我看这个人愚不可及，根本听不进意见，只好随他去。其实，他的马跑得越快，马夫越是善于驾车，他离楚国就越远；钱带得再多，也帮不了他的忙。”

魏王听了这个杜撰的途中见闻，忍不住笑了。他叹口气说：“这个人真笨，居然想不到掉头！”

季梁一听，机会来了。他连忙接过话头：“如今大王想接过齐桓公、晋文公的班，成为天下的霸主，必须一举一动都要得民心。如果只倚仗自己兵多将广，便去进攻赵国，此种做法实在是毫无道理，势必离霸主越来越远，就像要去楚国而朝北走一样。”

魏王一听，觉得很有道理，就决定停止攻赵了。

这便是“南辕北辙”的来历。所谓“辕”是指车子前面夹住马匹的两根长木，“辙”的意思

则是车轮碾过的痕迹。一南一北，相差180°，当然达不到目的了。

总算魏王采纳了季梁的意见，来了一个快速掉头，才不致铸成大错。

有一道“快速掉头”的趣味智力游戏，设计者是著名科普大师马丁·加德纳。你看，图1上是一条“金鱼”，正在向上游。其实，它是由10根火柴棒拼起来的。画这幅图可以先画中间的6根，就是物理书上常见的“锯齿波”，然后把一头一尾加上去，“金鱼”的形状就立刻出来了。

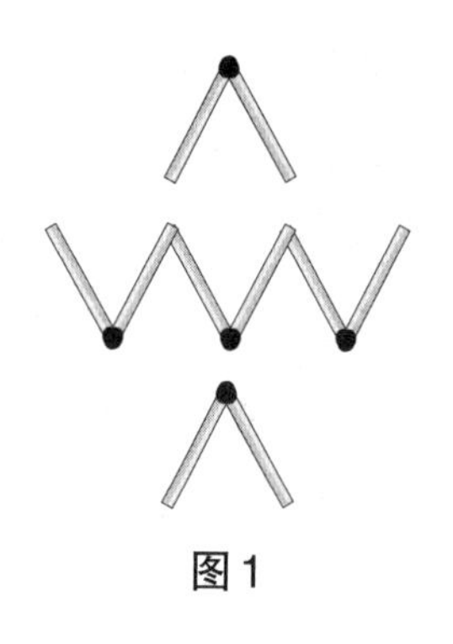

图1

现在，要求你只移动其中的3根火柴棒，使这条“金鱼”马上“掉头”，由向上运动变为向下运动（图2）。我们知道，在地图上的方位是上北下南，左西右东。所以套用“南辕北辙”这则

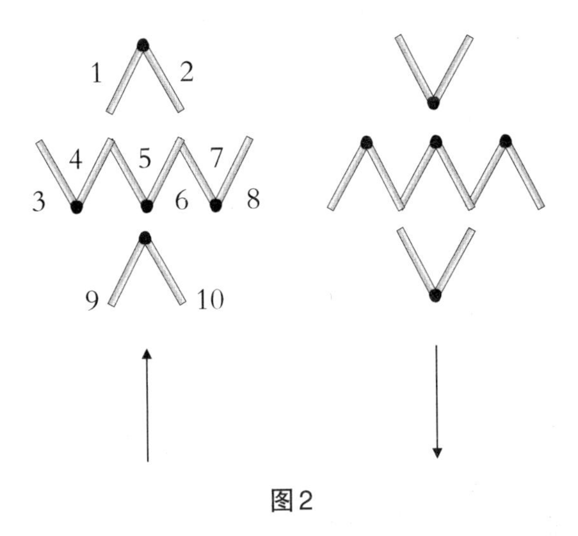

图2

成语故事，问题的要求便是：使游到赵国去的“金鱼”游到楚国去！为了方便起见，让我们把火柴棒编号，移法如下：

8移到3的左边；

2移到1的左边；

10移到9的左边。

读者们不妨试试其他移动方法。

打官司

“獾和貂打官司”是出名的朝鲜寓言，得到许多人的青睐。

有一天，一只獾和一只貂同时在山间小路上发现了一块肉。

“这是我捡到的！”獾叫喊起来。它的意图十分明显，不容许别人分享。

“不，它是我的！”貂也不甘示弱，叫嚷的声音压倒了獾。

“是我先看见的！”獾发火了。

“不对，是我第一个发现的！”貂也针锋相对，钉头碰铁头。

他们争执不下，难分难解。要不是考虑到双方体格都很魁梧，打斗起来谁也占不到便宜，说不定它们早就打起来了。

獾说话了。

“这样吧，我们去找狐狸，请它当个法官，给咱们评评理。”

貂同意了，于是它们找到了狐狸，讲述了各自的理由。

狐狸听完了双方的话以后，马上就表了态。它官腔十足地说：“请我做公证人，你们双方都不会吃亏的。这样吧，我把这块肉分成相等的2份，你们二位一人一块。”说完后，狐狸就把那块肉分成了2块，给貂和獾一人一块。

“貂的那块比我的大！”獾大叫起来。

“那我给你们分得平均一些吧。”狐狸一边说，一边拿着貂的那块，狠狠地咬了一大口。

“现在獾的那块比我的要大了!”貂哭丧着脸说。

“让我再来给你们匀一匀。”狐狸拿起獾的肉啃了一口。

这样一来,貂的这块肉又比獾的那块大些。于是,狐狸又恬不知耻地再来啃貂的那块肉。

狐狸真不愧为一位“不等式大师”,它十分老练地玩弄手法,一会儿$A>B$,一会儿又变成$A<B$。就这样,獾和貂眼睁睁地看着狐狸把2块肉一

口一口地吃光。到最后只剩下骨头，谁也不想要了。

中国古代有位大财主，家财万贯。财主有两个儿子，老头子死了以后，两个儿子为了争夺家产，各不相让，便到一个号称“清官”的李知府那里去打官司。

知府大人问明原因后，才晓得有些古董不好分，比如号称“龙吐水”的中华第一壶，《七侠五义》里锦毛鼠白玉堂从皇宫里偷来的“五凤杯”，等等。这些东西都是独一无二的，给了老大，老二不服，又无法作价；放在家中的库房里上锁保管，又是谁也不放心。于是狡猾的知府大人对他们说：“看来还是让老爷我替你们暂时保管一下吧。以后等有机会，出售给古董商人，狠狠地敲他一大笔银子。”兄弟两人一听此言，十分满意，当下叩头谢恩。

光阴如箭，眼看3年过去了，此事还没有下文。知府大人也早已调任外省，路远迢迢，相隔千里。当时又没有立下任何字据，“天高皇帝远”，到哪里去评理？只好眼睁睁地被知府占了便宜去。

看来，分东西要分得绝对公平，实在不是简单的事，弄得不好，是要被别人钻空子的。

数学家果戈尔博士是秘鲁前总统藤森先生的好朋友，一次他应邀去秘鲁旅游。有一天，他做了当地一位百万富翁的座上宾。这位大富翁膝下有一对双胞胎女儿，那天正好是她们的生日。她们的父亲为她们定做了一只圆形大蛋糕。为了增加气氛，百万富翁说：“各位朋友，你们谁能把这块蛋糕分得完全一样——不但一样重，形状也要相同，而且分出来的形状必须全部由曲线组成，不准有直线段——那谁就是今天最受欢迎的嘉宾。”面对这个难题，大家都面面相觑，束手无策。

果戈尔博士不愧是位智力出众之人，但见他眉头一皱，计上心来，立即照中国“太极图”的办法（右图），巧妙地完成了任务。

巧分生日蛋糕

奇妙的是，“太极图”是非常容易画的，一般二三年级的小学生，手持圆规，马上就能画出来。

杀鸡儆猴

韩信出身卑微，曾受过市井无赖的胯下之辱。汉高祖刘邦筑坛拜将之后，他还是被一班老臣瞧不起。韩信上台以后，立下极为严厉的规章制度。有一天，他下令会操，限定清晨五更天就要集合报到，违者军法从事。

点名完毕，只有监军殷盖未到。韩信不动声色，也不追问。眼看到了中午，殷盖方从营外而来，想闯进辕门。守门的连忙拒绝，说："元帅已演习大半天了，没有他的命令，我不敢放人进去！"

殷盖大发脾气："什么元帅不元帅，真是小人得志，不知天高地厚！我是监军，地位与他平起平坐。他不来迎接我，已经是傲慢无礼了。”一面说，一面大摇大摆地进去，见了韩信，两手一拱，尚是余怒未息。

韩信一面答礼，一面却说：“国有国法，军有军令。早已三令五申，限卯时集合，你却到了中午才来，如此藐视军令，依法当斩！”言毕，他便收起笑容，冷若冰霜，一脸杀气。殷盖自恃老资格，又是刘邦的宠臣，哪肯服输！一面指手画脚，一面破口大骂，把韩信的“老底”都揭了出来。

韩信不与他争辩，喝令左右把殷盖绑起来，然后下令痛打50大板，先杀杀他的威风。殷盖被打得皮开肉绽，血肉横飞，当下叩头求饶。由于殷盖为人一贯作威作福，飞扬跋扈，军中大将哪一个肯替他说情呢？

有人飞马报告刘邦。刘邦大吃一惊，连忙下手谕叫韩信刀下留人。可是韩信还是坚持自己的

意见，“将在外，君命有所不受”，不买刘邦的账。片刻工夫，刽子手便把殷盖的人头装在盘子里交差了。

军中将领吓得半死。从此以后，再无人敢藐视军令。

以上便是“杀鸡儆猴”之计。此计的发明权并不属于韩信，在他之前，用过此计的人不计其数。最为脍炙人口的，当然是春秋时代的大军事家孙武的故事了。

孙武为吴王训练娘子军，分成两队，由吴王

的两位爱妃当队长。不料这些人队形不整，高声嬉笑。孙武大怒，拂袖而起，大发虎威，再次重申前令。不料两位队长还是不听指挥，乱说乱动，自行其是。

于是孙武断然采取措施，下令把两位队长斩首示众。众宫女个个吓得发抖，这才诚惶诚恐地认真操练起来。

鸡、猴、兔都是些可爱的小动物，孩子们特别喜欢。日本有位趣味数学专家根据三十六计中“杀鸡儆猴”这一计，编出了一道有趣的减法算式。在式子里，不同的动物代表不同的阿拉伯数字。你看，雄赳赳的雄鸡队长正在回头督促它的一群队员（小猴子）抓紧赶路呢！正在此时，杀鸡的人来了。雄鸡一惊，就逃到了底下。3只小猴子怪机灵的，早就脚底擦油开溜了。连小兔子也吓破了胆，跑得无影无踪。

现在要请你算算，鸡、猴、兔各代表什么数字？

我们从图中看到，鸡没有去减任何数，就吓跑了。这是啥原因呢？当然是在做减法时被借走了。由于借位只能借1，所以鸡就是1。

这只鸡逃到底下，变成了差数。根据这条线索，不难推出：猴代表0，兔代表9。这样一来，我们就不难破译出动物算式的答案了：

$$\begin{array}{r} 1000 \\ -\ \ 999 \\ \hline 1 \end{array}$$

这类题目不难加以改编，可以改得更难、更有趣些。让孩子们自己编题目、画图，动手参与，这对加强素质教育也是有些作用的。

一场概率官司

在美国加利福尼亚州圣彼得罗市的一个偏僻小胡同里，一个老年妇女被强盗抢劫了。当时有个目击者看见从出事地点蹿出一个梳着“马尾巴头”的白人女子，她跳上一辆等着她的黄色汽车，开车的是一个留着一把大胡子的黑人，汽车立刻开走，逃之夭夭。

侦缉人员在侦查过程中查出了柯林斯夫妇。柯林斯是黑皮肤，他的老婆却是白人，喜欢梳“马尾巴头”，法院请附近一所大学的数学教师做鉴定人，他是一位有名的概率论专家。

这位数学教师在法庭上侃侃而谈，他根据概

率的理论进行推测。他说，在圣彼得罗市大街上碰到黄颜色的汽车比起碰到别种颜色的汽车来，其可能性约为1/10，看到车内同时坐着一个黑皮肤男人和一个白皮肤妇女的可能性约为1/1000。如果再把“马尾巴头”和“一把大胡子”的因素考虑进去，那么当时加利福尼亚州1200万居民中只有一对，而这一对就在眼前。换句话说，老年妇女是他们抢的。

陪审员们被这位鉴定人的“精确”推理慑服了，于是两位被告被判为有罪。然而他们入狱3年后仍然坚决否认。社会舆论的压力和他们的上诉，终于使最高法院做出裁定：对此案重新进行审理。

负责此案的法官雷蒙特·沙利文自己就是一位概率论行家，他认为，原鉴定人的计算中存在着漏洞和错误，根据他自己的计算表明，还存在着41%的可能性是州里还有另外一对男女，也满足目击者所说的这些特征。

柯林斯夫妇被开释了，而后来果然抓到了真正的抢劫犯与帮凶。一场概率官司终于结束了。

东窗事发

公元1140年，岳飞率岳家军在河南朱仙镇和金军会战。战斗中金军节节败退，溃不成军。正当岳家军准备挥师北上，收复河山时，推行卖国投降路线的当朝宰相秦桧和金兵统帅兀术勾结，议定除掉岳飞之后两国讲和。

宋高宗赵构也有他的私心。他怕金国败亡以后，被捉去当俘虏的父亲（宋徽宗）与哥哥（宋钦宗）一旦被放回来，他的皇帝可能就当不成了。于是，他连下12道金牌，硬要岳飞退兵。岳飞回临安（南宋的京城，即现在的杭州市）后，马上就被解除了兵权。不久，秦桧指使他的爪牙诬告岳飞想造反，把他逮捕入狱。但是，岳飞宁死不屈，一时无法定罪。“缚虎容易纵虎难”，秦桧和他的老婆王氏就在卧室的东窗之下密谋对策。他授意一些狗腿子伪造证据，又买通了曾在岳飞手下当过将军的叛徒王俊，最后以“莫须有”（宋代语言，相当于“或许有”）的罪名，在公元1142年1月27日杀害了岳飞等人。

1155年，作恶多端的秦桧终于一命呜呼。没过多久，他的儿子秦熺也死了。王氏很害怕，就请和尚道士前来念经作法。道士恨透了秦桧，便骗王氏，说他到了地狱里，亲眼看到秦桧戴着大铁枷受尽各种酷刑。从地狱出来时，他问秦桧要带什么话给夫人，秦桧哭丧着脸说："请你带话给我夫人王氏，就说东窗事发了。"

"东窗事发"这一成语就是从这里引出来的。古时候科学不发达，老百姓只能指望用鬼神的力量去奖善罚恶。"东窗事发"这句成语现在用得比较多，比喻一些为非作歹之徒，逃得过初一，逃不了十五，有朝一日，阴谋败露，东窗下的窃窃私语，也将暴露于光天化日之下。

不过，从"事发"到审问定罪，也还需要逻辑推理、归纳演绎。所以有人说：数学与逻辑本是一家，实在难分难解也。

在S市的一个新开发区里发生了一桩凶杀案。一个有钱的老头被人杀害，凶手在逃。经过艰苦的侦查之后，抓到了甲、乙2名疑凶，另有4名证人正在接受询问。

证人赵先生说："甲是无罪的。"

第二位证人钱先生说："乙为人光明磊落，他不可能犯罪。"

另一位证人孙小姐说："前面两位证人的证词，至少有一个是真的。"

最后一位证人李太太开腔了："我可以肯定孙小姐的证词是假的。至于她是否存心包庇，或者另有企图，那我就不知道了。"

专案组通过调查研究，最后证实李太太说了实话。现在问你：凶手究竟是谁？

解决问题的关键是要寻找突破口，由此入手顺藤摸瓜，最终找到问题的答案。培养逻辑思维，提高分析能力，往往可以使我们变得更加聪明。这不仅有助于数学学习，而且对学习其他学科、开发智力也有很大好处。

解决问题的关键是：第四位证人李太太说了真话。由此可知，孙小姐做了伪证。于是可以肯定，她所说的那句话是假的，因此就能断定，赵先生和钱先生说的都是假话，从而判断出甲和乙都是凶手。

事后，凶手交代，他们确实是同谋作案。*S*市的晚报，也在最近披露了这一社会新闻。

信口雌黄

王衍长得一表人才，学问很好，举止文雅，谈吐得体，年轻时就在京城洛阳出了大名。晋朝的开国皇帝司马炎（曹操手下大臣司马懿的孙子）的老丈人杨骏想把小女儿嫁给王衍，而王衍说不愿攀附权贵，婉言推辞了。王衍自命清高，口中从来不提“钱”字。起床下地时踩到铜钱，马上叫婢女把“阿堵物”（王衍自己发明的代名词，指钱）快快拿开。通过这种手法，他骗取了皇帝的信任，结果当上了一品高官“尚书令”。晚年时，他的女儿也被选为皇太子的正妻。

这时，当朝皇帝晋惠帝大小事情全由皇后贾

南风说了算。因为皇太子不是她的亲生儿子，于是贾皇后就设下圈套，诬陷太子造反。王衍竟然马上转变“风向”，投靠到贾皇后的阵营里来，并且向她上表，请求皇后让他女儿同太子离婚，以划清界限。晋朝后来发生了“八王之乱”，连贾皇后都被杀掉了，唯有王衍见风使舵，高官位置岿然不动。

欺世盗名，是王衍的拿手本领。他有时讲真话，有时说假话。即使在讲解儒家经典时，凡是不对他胃口的地方，他也随意篡改。人们背地里称他“信口雌黄”，说他口中好像有雌黄一样——所谓雌黄，就是鸡冠石，当时人们写错了字，可以用它来涂抹更改，好比现在小学生使用的橡皮那样。

公元311年4月，羯族领袖石勒在宁平（相当于现在的河南省鹿邑县西南部）大破晋兵，王衍被俘。被俘后他居然说他从来不喜欢当官，还劝石勒称帝。不料石勒不吃他这一套。王衍被石勒关在一间民房里，半夜里被兵士推倒屋墙压死了。

“信口雌黄”这个成语就是由此转化而来的。同它类似的，还有“包藏祸心”“嫁祸于人”“尔虞我诈”等，全是贬义词。

从王衍的故事里，我不禁想起西方一则非常有名的逻辑故事：

神秘岛上的居民，不论男女，可以分为3类人：永远讲真话的君子；永远撒谎的小人；有时讲真话，有时撒谎的凡夫。

有位外国王爷不远千里而来，他想从3个女子A、B、C当中选一个做妻子。这3个女子中，一个是君子，一个是小人，一个是凡夫，令人不寒而栗的是，那个凡夫竟然是由黄鼠狼变成的美女。

王爷能同君子结婚，当然好极了；不得已而求其次，就算娶了一个小人为妻，他倒也认命了；可是总不能要一只黄鼠狼吧！岛上的长老准许王爷从3个女子中任选一个，并向她提一个问题，而此问题只能用“是”或“不是”来回答。

王爷应该怎样发问呢？

王爷得知，神秘岛上居民的等级是：君子第一等，凡夫第二等，小人第三等。于是他从3个女子中挑出一个（例如A），然后问她：“B比C等级低吗？”

如果A回答“是”，那么王爷该挑B做妻子。理由如下：若A是君子，则B比C低，因此B是小人，C是凡夫，所以B保证不是黄鼠狼；如果A是小人，则B的等级比C高，这意味着B是君子，C是凡夫，所以B一定不是黄鼠狼；如果A是凡夫，则它本身就是黄鼠狼，所以B肯定就不是黄鼠狼了。不管发生什么情况，王爷挑B都没有错，不至于选中黄鼠狼精。

如果A的回答是“不”，则王爷可以挑C做妻子。推理方法基本相似。

借途伐虢

借途伐虢（guó）是春秋时代的一桩大事。虢国、虞国和晋国接壤。当时晋国的国君晋献公是个野心勃勃的人物，一有机会，就要侵略别国。一天，他派了说客，备好厚礼来见虞公，要求借一条路让他的兵马通过虞国去征伐虢国。见识短浅、鼠目寸光的虞公贪图小利，打算同意使者的要求。这时，虞国的大臣宫之奇连忙劝阻，说虞、虢乃是唇齿相依的邻国，虢国一旦灭亡，下一回就该轮到虞国了。但是固执的虞公根本听不进金玉良言，认为晋、虞两国的国君都姓姬，同是周文王的后代，“他们怎么会害我呢？”结果还是同意了晋国的要求。宫之奇一看苗头不对，再不走就要遭殃了，急忙带了妻子逃亡别国，“三十六计，走为上计”，溜之大吉也。

果然不出他所料，那年冬天，晋兵攻灭了虢国。得胜之后，部队暂时驻扎在虞国。没想到晋国乘此机会发动突袭，一举消灭了虞国，连虞公都当了俘虏！

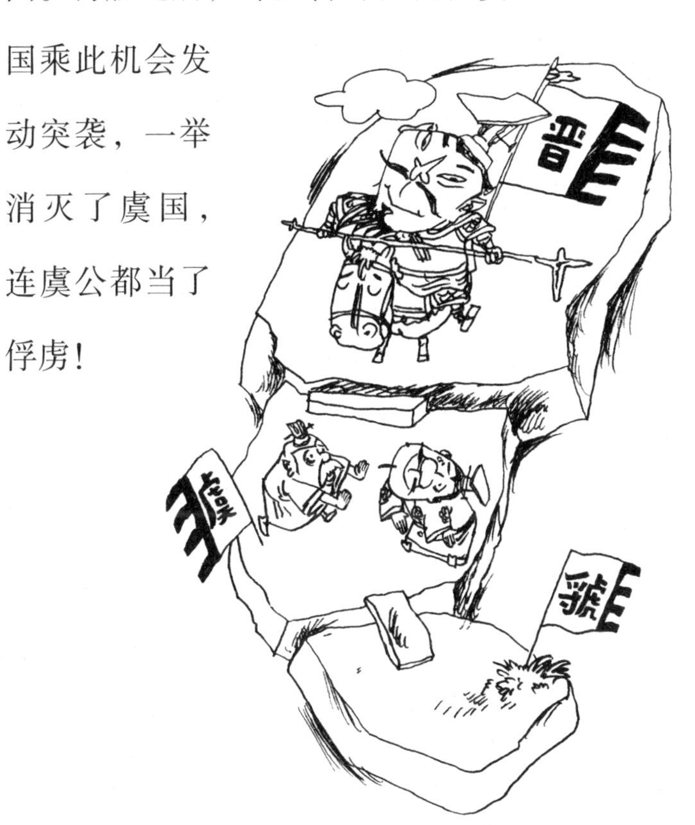

历史真是惊人地相似。既然有此一计，后人总要千方百计地加以利用。三国时期，老谋深算的刘备也是口口声声说他同益州刺史刘璋有“同宗”之谊，要求借道入川，还要求刘璋出兵助其抵抗张鲁。刘璋手下不乏明智之士，识破了刘备的阴谋，但是刘璋刚愎自用，听不进忠言，引狼入室，结果还是被刘备攻破了成都。另一方面，刘备“借”了孙权的荆州一直不肯归还，结果孙权恼羞成怒，起用吕蒙进攻荆州，使孙、刘联盟彻底崩溃，反而使曹操坐收了渔翁之利。从此以后，各国统治者对“借”道攻别国之事都深具戒心，不肯轻易上当了。

在数学上，为了得到最佳方案经常要用到“借途伐虢”这条策略，比如下面是一幅简明的交通图，各段路程都是已知数（单位是千米），从A到B，怎样走路程最短呢？

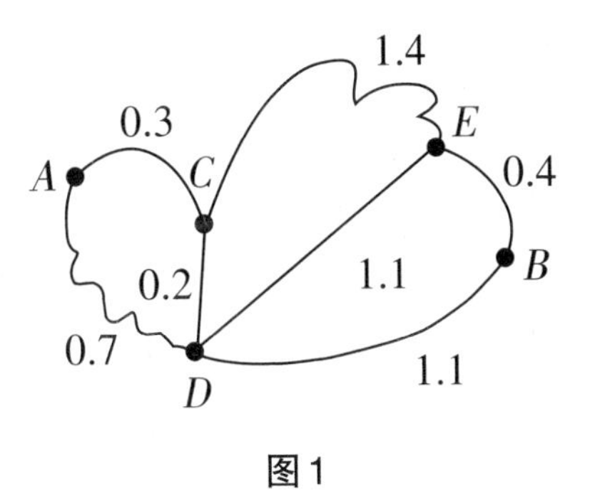

图1

图上共有5个点，可能的路线很多，看起来眼花缭乱。但我们不妨这样来思考，从A直接到D要走0.7千米，而从A经C到D只有0.5千米。由此看来，从A直接到D的这条路是无用的，把它擦去为好，于是就得到图2。

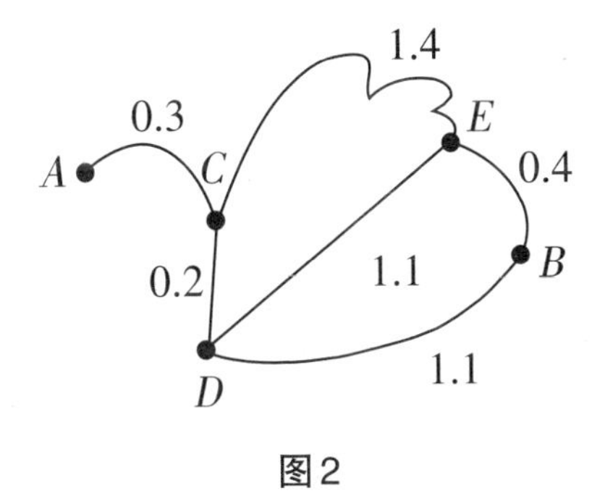

图2

再看从C到E的路线。通过比较，从C经D

到E要比从C直接到E近便，于是我们把CE这段也擦去，得到图3。就这样，通过一步步图上作业法，我们最后得到图4，从而得知最短路线就是从A经C、D，再到B。

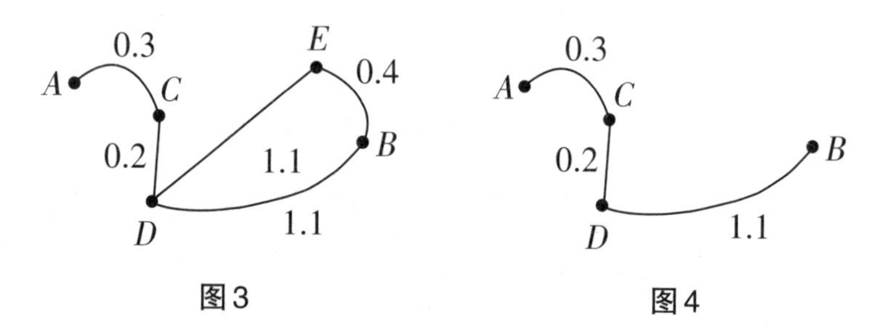

图3　　图4

好有一比：起点A算是晋国，终点B是虢国，而中途的D便是虞国，它是个咽喉要害之地。从A到B的最短路线是一定要经过D的，如能借道，当然是再好不过了。

困难的渡河

有一个很古老的数学游戏，据说一千多年以前在某些国家里，就有人用这类问题来训练年轻人的智力。

一个人要带一只狼、一只羊和一棵白菜渡河，河上只有一只小船，小船只能装载一个人和一件东西。人不在时，狼要吃羊，羊要吃白菜。请想出一个渡河的办法，能把所有的东西都安全地带过河去。

许多书上都能查到现成办法，其实自己想一想，不必查书也能解决。

此人第一次可以只带羊过河，然后驾船回

来。第二次，他带白菜（狼）过河，把白菜（狼）放在对岸，而把羊带回来，把羊放下。第三次，他把狼（白菜）带过河去，再划船回来。第四次，他把羊带过河去。如果改用括弧里的事物，则又可得到一种方法。这里，狼与白菜的地位相当，是对称元素，而羊却是关键性的。

下面是另一个经典问题。

一队士兵想渡河，但河水湍急异常，河上的小桥已被敌人炸掉，他们只能借助一只小渡船和两个小孩的帮助来达到目的。但渡船很小，每次只能渡过一名士兵，或者两个小孩。如果一个士兵和一个孩子同渡，分量太重了，小船就要沉没。那么，应该怎样做出安排，才能使全部士兵都渡过河去？

显然，不论这队士兵有多少人，他们只能是一个一个地渡河。这就意味着只要找出渡过一名士兵，并使船又能回到此岸的方法，然后重复上述过程，便可将整队士兵都渡过河去。

这是一个重要的提示，现在你们能想出办法来了吗？

我们想出来的办法是：先由两个孩子同时渡到彼岸，一个孩子上岸后，另一个孩子划回来，再让一名士兵渡到彼岸，士兵上岸，而由留在彼岸的孩子驾船返回此岸，回到初始状态。

重复上述过程，可将全队士兵全部渡过河去。

由此可见，这种方法只是数学归纳法的一种乔装改扮。

窍门很难识破

日常生活中我们经常会碰到一些条件语句，譬如说："如果明天天气好，我就去踢足球；如果明天是个阴天，我就去看美术展览；如果明天下雨，我就待在家里看书。"在电脑里，这种分支程序或条件转移指令更是司空见惯的。下面将要介绍的一种特殊棋戏，就跟这个概念有关。

甲、乙两人下围棋，局终以后，甲数了15颗棋子，放在一旁，对乙说道："我们来做一个特殊的游戏好吗？"乙说："好极了！但不知究竟怎样玩法？"甲说："游戏规则很简单！我和你轮流从这堆棋子里取出几颗来，每次所取的颗数或1

颗，或2颗，或3颗，都可以，但不能超过3颗，直到取尽为止。取尽之后，就来数棋子；谁取得奇数，就是谁赢。”

15本身是个奇数，把它拆开成为两堆的话，总是一奇一偶。所以，本游戏必定是一胜一负，不可能打成平局。

他们赛了几局，每次都是甲先取，乙后取，结果却总是甲获胜。乙虽然不服气，可是接连试过多次，甲没有一次不是胜利者。乙问甲是什么道理，甲却秘而不宣。你能知道甲到底有何秘诀吗?

原来甲的窍门是，第一次必须先取2颗棋子，其后的取法则按下面的规律行事：

（1）所取的棋子数如果和自身已取的棋子数加起来是个奇数，则剩下的棋子数应该是1或8或9。

（2）所取的棋子数如果和自身已取的棋子数加起来是个偶数，则剩下的棋子数一定是4或5。

（1）和（2）是互为补充的，就是说，如果第1条做不到的话，那么第2条一定能做得到。甲依照这样的规则，所以百战百胜。

让我们再举例说明一下，以帮助读者理解。比如说，甲先取2颗棋子，接着，乙也取2颗，这时，余下11颗棋子。

轮到甲再取时，他的脑子里出现了一个条件判定语句："取1颗吗？那样的话和我已取的2颗棋子加起来将是3颗棋子，3是个奇数，而剩下10颗棋子，这将跟第1条规律不符，所以不行。那么，取2颗吗？这样一来，跟我已取棋子的和是4，4是个偶数，而剩下9颗棋子，违背了第2条规律，因此也不行。那么，取3颗吗？这一来，跟我已取棋子的和是5，而剩下8颗，符合第1条规律，因此我第2次必须取3颗。”

如果乙第2次取1颗呢？根据上述条件转移指令，容易看出，甲第3次取1颗将违反第2条规律，取2颗将违反第1条规律。这时，甲取3颗，符合第2条规律。剩下4颗棋子，不论乙第3次取1颗还是取3颗，甲都可以全数取尽，使他的取子总数成为奇数而获胜；如果乙第3次取2颗，那么甲取1颗，最后剩下的1颗乙不能不取。这样一来，甲的取棋总数依然是个奇数，还是能够得胜。

常言道：“当局者迷，旁观者清。”由于这种棋戏设计得极为巧妙，别具一格，正确的对策隐藏得很深，所以不要说当局者了，即使旁观者一时也很难看清楚哩！

如果将电脑程序输给机器人，那么在一般人同机器人玩游戏时，后者往往是大赢家。

艾子醉酒

从前，有个名叫艾子的人，他喜欢喝酒，整天晕晕乎乎，醉多醒少。他的好朋友们为此忧心忡忡，怕他因此送了性命。但是，不管怎么劝，他总是“死猪不怕开水烫”，说了白说。一天，有人想出了一条妙计：想办法吓唬他，使他戒酒！

于是，他们用了梁山泊好汉的招数，大块切肉，大碗灌酒，终于使酒量极好的艾子醉倒了。不多一会儿，艾子大吐特吐起来，秽物满地，臭不可闻。艾子的好朋友们按照事先商定的计谋，偷偷把猪肚肠放在秽物里面。在艾子半醉半醒时，故意大声惊呼："不得了啦！老先生竟醉得把肚肠都吐出来了。常言道，'人要有心肝等五脏才能生存'，现在他吐出了一脏，5-1=4，只剩下四脏了，怎么能够活得下去呢！"大家哭哭啼啼，好像艾子已经命在旦夕。

艾子被朋友们这一叫，酒醒了八九分。他揉了揉迷糊的眼睛，仔细察看了地上的脏东西，然后慢慢吞吞、不慌不忙地回答："急什么？你们真是少见多怪！唐三藏只有'三脏'，不是活得好好的吗？还到了西天，干出了一番大事业。何况我现在还剩下四脏，4>3，后劲大着哩！"

朋友们被他这个惊人的回答镇住了，全都目瞪口呆，不知下一步棋该怎么走。

突然，一个人上前猛揍他一拳，大声喝道："什么三脏四脏的，今天你给我在这本撕破的《西游记》里指出个'三'字来，我才放过你，否则还要狠狠地揍你一顿。”

艾子忙不迭地接过书来。哎呀，我的天！这里面哪有“三”字呢！可是，他眉头一皱，计上心来，指着书上“名山大川”的“川”字，对朋友们说：“这个字就像方才喝饱老酒的我，现在醒过来了。只要再把它灌足老酒，使它呼呼睡下去，一横下身子，不就是你们要找的‘三’字吗？”朋友们听后哑口无语，无不佩服他的机智。

你看，在这个笑话里，不等式和旋转90°的概念不都埋伏在里面了吗？

叮咚的算式

杭州的有名风景点九溪十八涧，林木葱茏，泉水淙淙。曾有许多文人墨客，在此留下了不少抒情写景的佳句。清末大文豪俞曲园先生，写过一首脍炙人口的五言诗，其中一节是这样写的：

重重叠叠山，
曲曲环环路。
丁丁东东泉，
高高下下树。

这首诗经书法家恭楷书写，至今还挂在杭州西泠印社吴昌硕先生纪念堂里。可有趣的是，当我们吟过这首诗后，如果再改写成下面的竖式加法形式，那它仍然是成立的。

$$\begin{array}{r} \text{重} \\ +\ \text{重叠} \\ \hline \text{叠山} \end{array}, \quad \begin{array}{r} \text{曲} \\ +\ \text{曲环} \\ \hline \text{环路} \end{array}, \quad \begin{array}{r} \text{丁} \\ +\ \text{丁东} \\ \hline \text{东泉} \end{array}, \quad \begin{array}{r} \text{高} \\ +\ \text{高下} \\ \hline \text{下树} \end{array}。$$

以上一共有4个加法算式，每个汉字都代表了一个阿拉伯数字。要求在同一个式子中，凡相同的汉字表示相同的数字，不同的汉字表示不同的数字。那么请想一想，能否通过简单的分析方法，求出这4个算式的答案呢？

可以看出，这4个加法算式，都可以用一个统一的模式来表示，即：

$$\begin{array}{r} A \\ +\ AB \\ \hline BC \end{array}。$$

按照十进位表示法，两位数AB，实际上就是$10A+B$的意思，譬如98就是$9\times10+8$，于是上面的竖式便可写成：

$$A+10A+B=10B+C。$$

移项整理后，我们得到下面简单的不定方程，即：

$$11A=9B+C。$$

这里的A与B必须是不同的数字，故$A\neq B$，经过试验可知，本问题只可能有4组解答，即：

$A=5$，$B=6$，$C=1$；

$A=6$，$B=7$，$C=3$；

$A=7$，$B=8$，$C=5$；

$A=8$，$B=9$，$C=7$。

于是原来的4句五言诗，便对应着下列4个算术算式：

$$\begin{array}{r}5\\+\ 56\\\hline 61\end{array},\quad\begin{array}{r}6\\+\ 67\\\hline 73\end{array},\quad\begin{array}{r}7\\+\ 78\\\hline 85\end{array},\quad\begin{array}{r}8\\+\ 89\\\hline 97\end{array}。$$

诗句竟然有算式与它对应，这恐怕是当年的俞曲园先生也梦想不到的吧！

事情虽小，倒也能生动地说明数学的思想、方法、观点是可以渗透到各个领域中去的。有句名言说“数学是大千世界的语言”，它像泉水一样，也是叮咚作响的。

微信扫码
数学小故事
思维大闯关
应用题特训
学习小技巧

何时开始金额大写

明太祖朱元璋削平群雄，把元顺帝赶到沙漠之北，定都南京，海内大定。但其后不久，却爆发了一件重大贪污案。

主犯郭桓曾担任过户部侍郎（二品官），任职期间利用职权，勾结地方官吏、土豪劣绅，大肆侵吞钱粮税收，累计金额相当于白米2400万石，这个庞大的数字几乎等于当时全国秋粮的实征数。该案牵连了十几个高官、六部大小官吏以及全国各地的官僚、地主、胥吏。

朱元璋对此大为震惊，他大开杀戒，下令将同案犯审问属实后，斩首示众，竟杀掉几万人之多。为了堵塞漏洞，防微杜渐，他又命人制定并颁布了严格的惩治贪污法令，在全国财务管理上也实行了一些有效措施。

其中极为重要的一条就是把记载钱粮数字、笔画较少、很易涂改的汉字“一二三四五六七八九十百千”改用“壹贰叁肆伍陆柒捌玖拾佰仟”来书写。这一招果然灵验，当时堵住了不少财务管理、现金收支方面的漏洞。

窃符救赵

由于《封神演义》一书在民间广为流传，姜子牙（吕尚、太公望都是他的别名）在中国民间的威望大概与诸葛亮等同，姜子牙帮助武王灭纣，建立了统一王朝——周朝。他不愧为中国古代的大政治家、大军事家，从现有的记载来看，最早制定军队秘密通信密码的就是他。所谓“阴符”即是由他发明、制造并使用的。

阴符是一套尺寸不等、形状各异的符节。每只符都代表一定的意义，只有通信双方才知晓内情。《六韬》这本古代兵书的“龙韬”篇，把意图说得很明白：在打仗时，“引兵深入诸侯之地，三军卒有缓急，或利或害。吾将以近通远，从中应外”，就要派人把选定的阴符送到有关方面。收信者根据他所收阴符的形状、尺寸，即可明白指挥部的意图与传递的重要军情。当时的阴符共有八种，它们是：

1. 大胜克敌之符，长1尺；
2. 破军擒将之符，长9寸；
3. 降城得邑之符，长8寸；
4. 却敌报远之符，长7寸；
5. 誓众坚守之符，长6寸；
6. 请粮益兵之符，长5寸；
7. 败军亡将之符，长4寸；
8. 失利亡士之符，长3寸。

这种通信方法的优点是，符上“不著一字”，只有自己一方心里明白，是不怕泄露的。即使半路上被敌人截获，敌人也不明白是什么意思，

“虽圣智莫之能识”。它的缺点是过于简单，表达不出复杂的内容，只能传递内容极其有限的信息，不敷应用。后来又有各种不同用途的虎符、兵符、令箭、金牌、符节等，使之能表达更多的内容。这些通信方法，一直沿用到清朝末年，电报发明后才被淘汰。

《六韬》著录于《汉书·艺文志》，相传即是姜太公所撰，也有人认为，这部书是“自姜太公起，直到战国时代各位兵家陆续增添材料而写成的”。1972年，在银雀山西汉古墓的出土文物中也发现了该书。可见，早在周朝，我国已有早期的军用密码了。

战国时代，七雄并立，兵戈扰攘。孙膑、吴起等兵法专家，廉颇、李牧、白起、王翦等著名大将纷纷出现。在各国统治者的眼中，“兵权”成为高于一切的东西。王室成员之间更是矛盾重重，钩心斗角。于是，发兵征讨，调动军队，就使用一种叫“虎符”的凭证。虎符是用铜铸成虎形，背有铭文，分为两半，右半留存中央，左半发给地方官吏或统兵的将帅。调发军队时，需由使臣持符验合，方能生效。传世有新郪虎符等。

中国历史上有名的“信陵君窃符救赵”的故事，就发生在这个时期。信陵君与平原君、孟尝君、春申君，被称为战国四君子，他是魏王的同父异母兄弟，其姐是赵国的王后。

有一年，秦军攻赵，几十万精锐的赵国军队在长平战役中被秦军歼灭，接着，秦军包围了赵国首都邯郸，眼看就要攻下了。赵王派人紧急向魏国求救。魏王虽派出大将晋鄙救援，但畏惧秦国的兵威，令其按兵不动。信陵君几次进谏，魏王也都不听，唇亡则齿寒，如果赵国被秦国所灭，那下一步就会轮到魏国了。怎么办呢？信陵君的门客想出了一个妙计，由信陵君说动魏王的宠姬如姬，偷出了虎符，赶到前线，假传圣旨，击杀了畏葸不前的统兵大将晋鄙，自己率领大军进攻秦军，解除了邯郸的重围，拯救了危在旦夕的赵国。

应该放走哪一个

“我真有点发毛，”监狱看守说，“巡警霍普金斯给我留了张字条说，昨天晚上他在巡逻时，逮捕了两个牧师打扮的流氓。可是，我今早上班时却发现共有三个家伙如此打扮。现在看来其中肯定有一个是真正的牧师，他是到监狱里来看望这两个迷途的羔羊的。可是，我却无法辨认真假。”

“想办法问问他们嘛，”警长向他建议，“真正的牧师不会违背教规，一定是讲真话的。”

“你说得倒容易。也许我问的人正好是那个骗子呢？他可是个撒谎老手，从来不讲真话。而另外一个赌棍则是个见风使舵的骑墙派，他有时讲真话，有时讲假话，哪种情况对他有利就干哪一种。对这种家伙，人们感到束手无策呀。”

警长说：“我看，主要是你没有本事，看我的！”他二话不说，走到单人牢房（三个犯人均已被隔离审讯）跟前。

“你是谁？”他怒目圆睁，审问关在1号牢房里的“犯人”。

“我是个赌棍。”此人答道。

警长紧接着走到2号牢房前，用震慑的语调发问：“你说！1号牢房里的人是谁？”

“骗子！”

这时，警长来了劲，声如洪钟，追问3号牢房里的囚徒：“你给我说！1号牢房里的那个人是谁？”

3号牢房里的人回答：“牧师！”

警长转身对监狱看守说：“情况已经判明。你应该释放……”

聪明的读者们！你们说应该释放哪间牢房里的犯人？

这是国外一道很有名的逻辑趣题。编故事者说得活灵活现，使读者如闻其声，如见其人，简直像是说相声，奥妙极了。

犯人们的答复却是什么情况都有，这倒使读者坠入重重的迷雾之中，感到糊里糊涂，没头没脑了。

其实，警长是个非常机敏的人，你有没有注

意到，他的问题集中于一点，问的都是1号牢房里的人是干什么的。

首先，他从3号牢房里犯人的答复中判明他一定不是牧师。若他是说真话的牧师，那么1号牢房里关着牧师，而事实上并没有两个牧师，既然如此，3号牢房里关着的犯人肯定不是牧师。

其次，1号牢房里的囚徒是不是牧师呢？如果他是牧师，说的是真话，这与他的答复“赌棍”发生了矛盾，可见他肯定不是牧师。

于是，剩下来的2号牢房，关着的倒是真正的牧师了，此人说的是真话，于是情况已经分明：

关在1号牢房里的是骗子；

关在2号牢房里的是牧师；

关在3号牢房里的是赌棍（他说的是假话）。

这样一来，2号牢房里的犯人就被释放，欢欢喜喜地打道回府了。

人狗赛跳

常言道："狗咬人不算新闻，人咬狗才是新闻。"至于已经成了高级官员的人，还要低三下四去学狗叫，摇尾乞怜，那当然是奇闻中的奇闻了。

话说南宋时期，政治腐败，贿赂盛行。大奸臣韩侂（tuō）胄把持朝政，专权14年，被皇帝封为平原郡王。在他身边，拍马屁的人多得不计其数。

他在临安（现在的杭州）近郊的风景区吴山上造了一个南园，其中有村庄、茅舍，一派田园风光。一天，韩侂胄在园中畅游，扬扬自得，十分开心。游了一阵子，他发话了：“造得好极了。美中不足的是，村庄里听不见鸡鸣犬吠之声。”可是，等他到其他地方转悠了一圈重新回来时，竟然听到了狗的叫声。他十分奇怪，连忙派人去察看。原来是临安府尹（古代官名）赵师羼（zé）躲在田埂上装狗叫。韩侂胄便叫赵师羼过来，让他从头表演一番。欣赏过这种特殊口技之后，韩侂胄不禁哈哈大笑起来。

韩侂胄跷起大拇指夸道：“府尹所为，正合老夫之心。不过，我还想看看你的腰腿功夫。”于是心生一计，让他同韩夫人所养的宠物哈巴狗比赛跳跃。

韩侂胄命令手下人在距出发点100尺远的地方画一条白线，叫赵师羼和哈巴狗从起点同时起跳，抵达白线后再立即跳回，看谁能先跳回来。比赛开始了。狗每分钟跳3次，每次跳2尺远；

赵师罴每分钟跳2次，每次跳3尺远。

人和狗每分钟都能跳6尺，速度相等，应该同时回归原处，但比赛结果是赵师罴输了。这是为什么呢？

原来，赵大人跳33下后只有99尺，所以必须经过34跳，越过白线2尺后才能回头，往返共需68跳。而哈巴狗跳50下正好达到白线，往返共计100跳。算一算时间：赵大人要花时间68÷2=34（分钟），哈巴狗却只需100÷3≈33（分钟）。

所以这场比赛赵大人输了。不过，他以身作狗却赢得了韩侂胄的欢心。

画蛇添足

战国时代，楚王派大将昭阳率军攻打魏国，得胜后又转而攻打齐国。齐王派陈轸（zhěn）为使者去说服昭阳不要攻齐。陈轸作为说客，向昭阳讲了个故事：

楚国有个人在春祭时把一壶酒赏给门客。由于人多酒少，门客们商定，大家在地上画蛇，先画好的人就喝酒。有个门客把蛇画好了，端起酒壶想喝。但他看别人画得很慢，就想再露一手，显显自己的本领。于是，他便左手拿酒壶，右手拿画笔，边画边得意扬扬地说：“我还能给蛇添上脚呢！”

正在他添画蛇足时，另一个门客已把蛇画好了。这个门客一面把他的酒壶夺了过去，一面说：“蛇本来没有脚，你怎么能给它添上脚？添上脚就不是蛇了，所以第一个画好蛇的人是我不是你！”说完，就毫不客气地把那壶酒通通喝光了。

在现实生活中，这类事情还真不少。让我们再来看一个例子。

有人开了家饭店，由于博采众长，京、粤、川、扬各派名菜兼收并蓄，再加上菜肴价格比较公道，所以生意很好，天天顾客盈门，把老板笑得合不拢嘴。

光顾这家饭店的人除了散客以外，还有不少常客。原来，这家饭店的菜单是极有特色的，一年当中任何两天的菜单绝不重复。该店的食品分成4大类：主食、特色菜、蔬菜、水果。下面便是其中的细目：

花卷	烤鸭	青菜	西瓜
薯条	叫花鸡	菠菜	香蕉
刀切面	神仙鱼	萝卜	水果羹
大米饭	佛跳墙	花菜	
	镇江肴肉	卷心菜	
		四季豆	
		豆芽	

第一天的菜单可根据每一类的第一种排出，即第一天的菜单是花卷、烤鸭、青菜、西瓜，次日就换到第二种。当某一类的所有项目通通轮过一遍之后，便从最上面一种重新开始。比如，某一天的菜单是大米饭、佛跳墙、卷心菜和水果羹，那么，下一天的菜单便是花卷、镇江肴肉、

四季豆与西瓜。

试问：这种菜单要经过多久才会出现完全重复？

生意太好了，原有的人手有点忙不过来，于是老板重金招聘了一名厨师。后者为了讨好老板，就自作主张，在特色菜项目中增加了甲鱼，蔬菜类项目中加入了北方人爱吃的韭菜。

不料这名厨师反而被老板炒了鱿鱼。有人认为，这是因为甲鱼价格高，增加了成本，触怒了老板。其实，近年来人工养殖的甲鱼价格已一降再降，在价位上已经同家常菜平起平坐，难分高下了。

你知道厨师被主人解雇的真正原因吗？原来，按照老板的设计，菜单要隔420天才会重复一次。这一点，我们可以从4、5、7、3的最小公倍数得知。这4个数的最小公倍数是它们的乘积

420，也就是说，要一年多菜单才会出现完全重复。

但厨师擅自加菜后，4、6、8、3这4个数的最小公倍数仅仅等于24，周期大大缩短了，连一个月都不到。精明的老板大为光火，又怪厨师自作主张，于是便辞退了他。

物以类聚

战国时代，号称“东方大国”的齐国出了一位能人，名叫淳于髡（kūn）。他为人诙谐机智，说起话来非常幽默风趣，可以说是滑稽界的一位老前辈。他是齐宣王手下的亲信随从，虽然不是大官，却深受重用。

齐宣王想要招纳贤士，振兴齐国，对抗西边虎视眈眈的秦国。于是，齐宣王叫淳于髡推荐人才。淳于髡满口答应，在一天之内，向齐王举荐了7位能人贤士。齐宣王十分惊讶，别人也在背后冷言冷语，说长道短。

齐宣王忍不住，就问淳于髡：“我听说人才

难得，现在你居然在一天之内推荐了7位贤人，不是太多了吗？真叫我不敢相信。”

淳于髡回答道：“话不能这么说。要知道，同类的鸟儿总是聚居在一起，同类的野兽也总是在一起行走。到沼泽地里去寻找柴胡、桔梗等药材，就好像爬到树上去抓鱼，永远别想找到；但是到我国有名的梁父山的背面去寻找，就可以成车成担地装回来。这就叫作‘物以类聚，人以群分’，是理所当然的道理，用不着大惊小怪。现在我淳于髡也可以算是贤人吧，您到我这儿来寻找贤士，就好比到河里去汲水，用火石去打火那样容易。7个人不算多，咱还可以再推荐一些呢！”

淳于髡说得眉飞色舞，由于不存私心，讲起来自然理直气壮。这一席话说得齐宣王心服口服，也就放心大胆地使用这些人才了。

同类事物总是聚集在一起——淳于髡说出了

一个朴素的真理。地质、矿物学上有一些“共生矿”；有志登山者，往往组织起一个“登山俱乐部”；甚至冷冰冰的数字，它们也喜欢“聚族而居”。

谁都知道，在加、减、乘、除四则运算中，要数除法最麻烦，但其中也有不少窍门。比如，两个自然数相除时，如果它们之间没有公约数，且除数为9、99、999、9999（一连串的9，或者写成10^n-1）等形式时，那么商的小数部分必定是循环小数；构成循环节的数字，就是被除数的原数，而循环节的位数便是除数里头所含“9”的个数。

这些话说起来很啰唆，但做起来却简单，例如：

$$4\div9=0.\dot{4},$$

$$4283\div9999=0.\dot{4}28\dot{3}。$$

要注意，有时在有效数字的前面需要加0，例如：

$$123\div 99999=0.\dot{0}012\dot{3}$$。

这样做除法，垂手就可得出商，其速度甚至不比加法慢。

速算有许多规则，它们也是同类事物相聚成类的——只要懂得了这一点，你想成为速算专家也就不难了。

智辨帽色

甲、乙、丙三人都很聪明，头脑机灵，推理能力很强。那么，谁最聪明呢？有人出点子，想出一个很不寻常的测试方法。

他向甲、乙、丙三人出示了三顶红帽子、两顶黑帽子，并明确交代，等一会儿每个人头上都要戴顶帽子，全是从这五顶中取来的，别无其他帽子。

三人都点点头，表示理解。于是，测试者拿过三把椅子，请他们一一就座，前后排成一列，并用手帕蒙住他们的眼睛，然后，给每一位的头上加冠戴帽。

完成这些操作后，测试者又命人同时除去了蒙住甲、乙、丙三人眼睛的手帕。他们眼前顿时一亮。不过，由于座位的巧妙安排，坐在最后的丙可以看到甲、

乙两人；坐在中间的乙可以看到甲；而坐在最前面的甲则看不见其他人。

测试者先问丙：“你知道自己头上所戴帽子的颜色吗？”丙想一想，摇了摇头。

测试者向乙提了同样的问题，乙思考了一下，也摇了摇头。

最后，当测试者问到甲时，甲却说，他已经知道了

自己头上所戴帽子的颜色。

真是怪极了，什么也看不到的甲何以能判断出头上帽子的颜色呢？他凭什么来进行推断的？

下面让我们把推理过程简略地叙述一下。如果丙看到了两顶黑帽，则他马上可以肯定自己头上戴的必是红帽，因为黑帽只有两顶。可是由于丙判断不了，从而可以推知，他看到的情况必是两顶红帽或一红一黑。若乙看到的是一顶黑帽，则在上述推理的基础上即可判定他所戴的乃是红帽，可是他说他也不知道头上帽子的颜色，由此可以判定乙所看到的，甲头上所戴的乃是红帽。于是，甲可顺理成章地判定：他头上戴的必是一顶红帽子。

有人认为，这种“顺水推舟”的状态推理，实质上就是一种比较特殊的数学归纳法。

美国数学传播名家约瑟夫·马达基（Joseph

S. Madachy）在其著作与讲演中，曾多次提到此题。此人对数学趣题极其着迷，最后竟连自己的老本行——化学都放弃了，而归化于数学，成为《游戏数学》杂志的创办人与编辑部主任，足见数学的魅力。

蜗牛新传

有一个趣味智力故事，名叫“蜗牛爬墙”。有位数学家动了点脑筋，把它改编了一下，想不到它竟有了新意。

有一堵11尺高的墙，墙的两面都很滑。一只蜗牛从墙脚开始向上爬。它每小时能爬5尺，每爬完1个小时，就要休息1个小时，而在休息过程中，又从墙上滑下3尺。蜗牛从墙脚爬到墙顶要用几个小时呢？

这是“蜗牛爬墙”问题的原来提法。现在这位数学家进行这样的改编：按照同样的说法，蜗牛再从墙顶朝墙的另一面向墙脚爬下去，需要多

少时间才能够爬到墙脚？当然，这里不考虑蜗牛爬到墙顶后的休息时间。

故事的揭秘也应分两段来叙述。

第一段是蜗牛从墙脚到墙顶的时间。一般人认为，既然这只蜗牛每2个小时只爬上去2尺（上升5尺，下滑3尺，则5−3=2），所以，它肯定要花11个小时才能爬上这堵11尺高的墙壁。这种想法是不对的。因为6个小时后，蜗牛虽一共爬上去6尺，但到第7个小时时，它正好爬到墙顶休息，再也不可能下滑3尺。所以，一共只需用7个小时就能爬到墙顶。

第二段是蜗牛从墙上往下爬。这是新的难题。答案相当简单，蜗牛只要1个小时就能从墙顶爬到墙脚。对于这个答案，大家都会感到不可思议。这究竟是什么道理呢？

既然蜗牛在1个小时休息过程中就要向下滑3尺，这就是说，只要在墙上待1个小时，它就一定要滑下去3尺。那么，蜗牛是否只是在休息时才滑，而向上爬行时没有下滑呢？当然不是这样的，一堵墙对于同一只蜗牛的爬行和休息都是“一视同仁”的。所以蜗牛向上爬时的实际距离，应为向上爬（不向下滑行）的距离减去它滑下的距离。这是本题的关键之处。

由此可见，假定蜗牛所爬的是一堵墙面不滑的墙，则它1个小时就可以爬上8尺（5+3=8），而不是5尺。

因此，蜗牛在向下爬时，蜗牛除了每小时不滑行地向下爬8尺外，每小时再向下滑行3尺，也就是说蜗牛1个小时内向下滑行（连爬带滑）11尺，正好是这堵墙的高度。于是它只需1个小时就能从墙顶爬到墙脚。

巧分玉佩

话说有位和硕裕亲王，他是嘉庆皇帝的嫡派子孙，有一块传家之宝的玉佩。

说起这块玉佩，真是来头不小。据说它原是战国时代赵惠文王的心爱之物，后来落到了燕国。有一次，这块玉佩不幸跌落在地，缺损了右下角；唐朝时又遭到进一步的损坏，在上方偏左的位置出现了一个孔洞。由于洞的形状极不规则，样子实在难看，于是裕亲王索性请来能工巧匠，经过精细加工后，把它凿成了一个正方形的孔洞，最后就成为下页图的这个古怪形状。裕亲王爱玉如命，寸步不离，连洗澡、睡觉的时候都舍不得分开须臾。

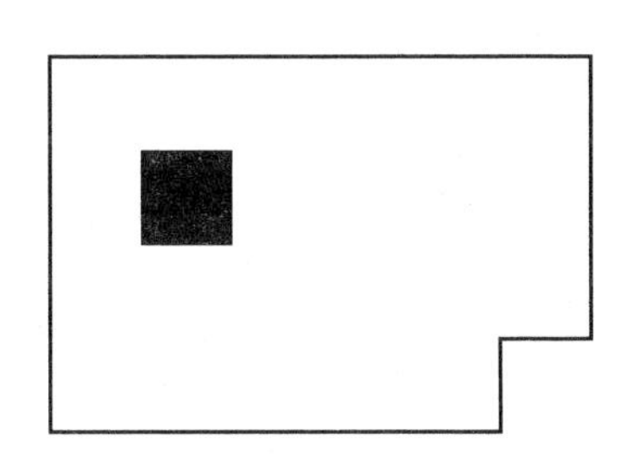

即将撒手归西之际，亲王把一切房屋、田产都做了等分，唯一觉得遗憾的就是这块玉佩了。亲王有两个儿子，在弥留之际，他把两个儿子叫到床边，再三叮嘱，在他死后，一定要请教天下奇才异能之士，把这块厚薄均匀的玉佩一分为二——不仅重量相等，形状也要完整，说完他就离开了人世。

亲王的两个儿子没有忘记先父的交代，他们到处请教能人帮他们分割。大家都感到棘手难办，最大的困难是那个洞无法处理，分割出来的两块要不要也有洞？这个难题使许多贤才知难而退了。

最后总算碰到了一个精通数理，但屡试不第的穷秀才。这个秀才帮他们圆满地解决了这个难题。

请问，这个穷秀才究竟是用什么巧妙的办法，把这个“既缺角，又有洞”的玉佩一分为二的呢？为了帮助大家思考起见，不妨假定玉佩的形状就是一个4厘米×6厘米的长方形，缺去的右下角部分及有洞的部分均是正方形，其面积都相等，各为1平方厘米。

分割办法如右图所示，说难也不难。你们可以核算一下，每块玉佩的面积都是11平方厘米。由于厚度均匀，所以两块玉佩的分量是完全相等的。它们的形状像是左右手对称；在空间翻一个身，就完全重合了。这些你们都可以用廉价的方格纸来实地试一下。

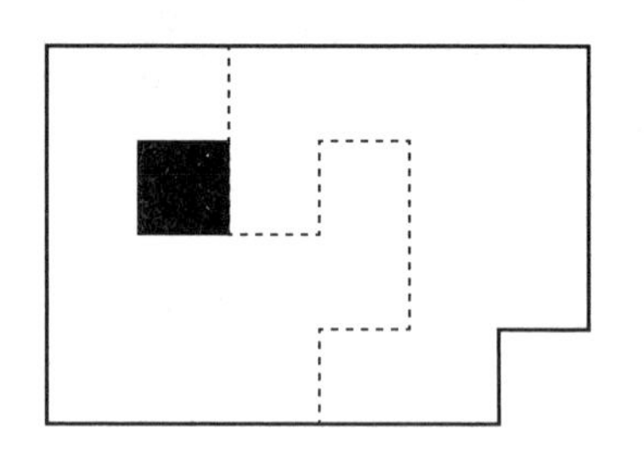

图解渡河难题

春秋时代，楚国和晋国连年打仗、伤亡惨重，结下了很深的仇怨，两国人民之间也因此互不信任。在历次战争中，楚国失败的次数多，所以晋国人都害怕楚国人报复。

有一次，3个楚国商人和3个晋国商人一起到齐国经商。齐国的主顾要求他们6个人同日到达，说是这样才好接待和拍板成交。为此，他们只好结伴同行，一路上却是钩心斗角。

一天傍晚，他们来到一条大河边。河水很深，他们又都不会游泳，河上也没有桥。幸好岸边有一条小船，可是船太小了，一次最多只能渡过两人。这6个商人，人人都会划船。为了防止意外发生，不论在河的这一岸还是那一岸，或者在船上，都不允许楚国的商人数超过晋国的商人数。

请问，按照上面的规定，怎样才能把这6个人全部渡过河去？

解决这个比较复杂的渡河问题，可以采用在括号里写数的办法，来记录河左岸人数的变化情况。括号中的一对数，前一个表示楚国商人数，后

一个表示晋国商人数。例如（2，3），就是说河的左岸有2个楚国商人、3个晋国商人。

开始时，6个商人全在左岸，采用上述记法，就是（3，3）。我们的目的是要使他们全部过河，到达右岸，所以终极目标是（0，0）。问题是怎样才能从（3，3）逐步演变到（0，0）呢?

按规定，有些情况是不许可的。例如（3，2），说明在左岸的楚国商人比晋国商人多，这就不行。于是，许可的情况只有

（3，3），（2，3），（1，3），（0，3），（2，2），

（1，1），（0，0），（1，0），（2，0），（3，0）

这10种。至于船上的情况，因为船最多渡两人，不会发生楚国商人比晋国商人多的情形，所以不用考虑。

为了说明小船在左岸还是在右岸，我们画一条横线。横线上方括号里的数对，表示船在左岸

时的情况；横线下方括号里的数对，表示船在右岸时的情况。

要是从横线上方情况可以一步演变到横线下方情况（当然这时由下方情况也一定可以演变回去），就在上下方之间连一条线。例如，从上方的（3，3），可以一步变到下方的（2，3），或者（2，2），（1，3），就在（3，3）和这3个括号间各画一条线。把所有可相连的线都画出来，就得到了如下的一张图（见下）：

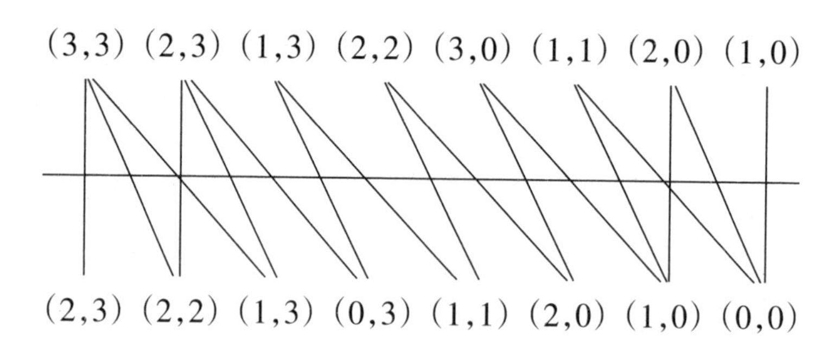

把这张图翻译出来，便是：

第1步，两个楚国商人从左岸到右岸；

第2步，其中一个划船回到左岸；

第3步，回去的那个与原先留在左岸的那个楚国商人一起渡河；

第4步，一个楚国商人划船回来；

第5步，两个晋国商人过河；

第6步，一个楚国商人和一个晋国商人回来；

第7步，两个晋国商人过河；

第8步，一个楚国商人回来；

第9步，两个楚国商人过河；

第10步，一个楚国商人回来；

第11步，两个楚国商人过河。

至此，全部人员渡河完毕。

从图上看出，共有4种最好的渡河办法，都要渡11次。

弄明白了这个办法后，你就不难解决：当楚国商人和晋国商人各有6人，而小船一次最多可容纳5人时，只用7步就可完成渡河。

要是不限定步数，只要小船每次最多可容纳4人，那就可以证明，任意数目的楚国商人和晋国商人，只要人数相等，都是可以渡过河去的。

这种方法，在数学里叫作“状态分析图”。它在人工智能等学科的研究中，用处很大。

这个问题里用到的图，连线是不带箭头的，表示既可以演变过去，也可以演变回来，叫作“无向图”。在下面一节里，我们要讲的是“有向图”。

高塔逃生

这是一个流传在格鲁吉亚的民间故事。

三百多年前，格鲁吉亚这片土地被一个凶暴残忍的大公统治着。他有一个独生女儿叫安娜。安娜不但美丽动人，而且心地善良，经常接近和帮助穷苦人。安娜到了谈婚论嫁的年龄，大公准备把她许配给邻国的一个王子，可是她却偏偏爱上了年轻的铁匠海乔。出嫁的日子眼看就要到了，安娜和海乔为了能够永远在一起，冒险逃进了深山，可不幸的是被大公手下的人抓了回来。

大公为此暴跳如雷，当天夜里就把他们关在一座没有完工的阴森的高塔里，准备第二天处死。与他们关在一起的，还有一个侍女，因为她曾经帮助他们逃跑。

塔很高，塔门被大公封了，只有最顶上一层才开有一扇窗户，但若从那里跳下去，准会摔得粉身碎骨。大公想：派人看守，说不定看守的人会同情他们，帮助他们从那扇窗户逃走。于是，大公下令撤掉一切看管，不准任何人接近那座塔。

安娜与侍女抱头痛哭，绝望使她们感到无比恐惧，可镇定的海乔却始终坚信他们会得救。他仔细寻找塔里有没有什么东西可以帮助他们逃跑。不久，他发现了一根建筑工人遗留在那里的绳子。绳子套在一个生锈的滑轮上，而滑轮装在比窗略高一点的地方，绳子的两头各系着一只筐子。原来，这是泥瓦匠吊砖头用的工具。

海乔曾做过建筑工人，经过一番观察和估量，他断定两只筐子的载重只要不超过170千克、两只筐子的载重差接近10千克又不超过10千克时，筐子会平稳地下落到地面。

海乔知道安娜的体重大约是50千克，侍女大约40千克，自己是90千克。他又在塔里找到了一条30千克的铁链。经过一番深思熟虑，海乔终于使他们3个都顺利地降落到地面，一同逃走了。

你能想出他们究竟是怎么逃走的吗？

这个故事很有趣。只要你反复试验，不断修正，就会找到解决问题的办法：

一、海乔先把30千克的铁链放在筐里降下去，叫侍女（40千克）坐在筐里落下去，这时放着铁链的筐子会上来。

二、海乔取出铁链，让安娜（50千克）坐在筐里落下去。她下降到地面时，侍女会上来。侍女走出筐子，安娜也走出筐子。

三、海乔又把铁链放在空筐中，再一次降到地面，安娜坐进去（这时筐的载重量是50+30=80千克）。海乔（90千克）坐在上面的筐里，落到地面后，安娜走出筐子，他也走出筐子。

四、放了铁链的筐再次降到地面，这次侍女坐在上面的筐里降落到地面，装着铁链的筐又上来。

五、安娜从上来的筐里取出铁链，自己坐进去，下降到地面，同时侍女坐在另一只筐里被带上来。到达地面后，侍女走出筐子，安娜也走出筐子。

六、侍女把铁链放进筐子，让它降到地面，然后她坐进升上来的空筐安全降到地面。他们3个终于成功地逃脱大公的魔掌，一起远走高飞了。

高塔逃生的方案我们可以用图来表示。

90千克的海乔、50千克的安娜、40千克的侍女、30千克的铁链，分别用9、5、4、3表示。这4个数可以组成16种不同情况，例如（9，5，4，3）全在塔上是一种，（9，5，4）在塔上是一种，只有（3）在塔上又是一种。通过滑轮和绳子，可以从一种情况变成另一种情况。要是甲可以变成乙，我们就从甲向乙画一条带箭头的线。

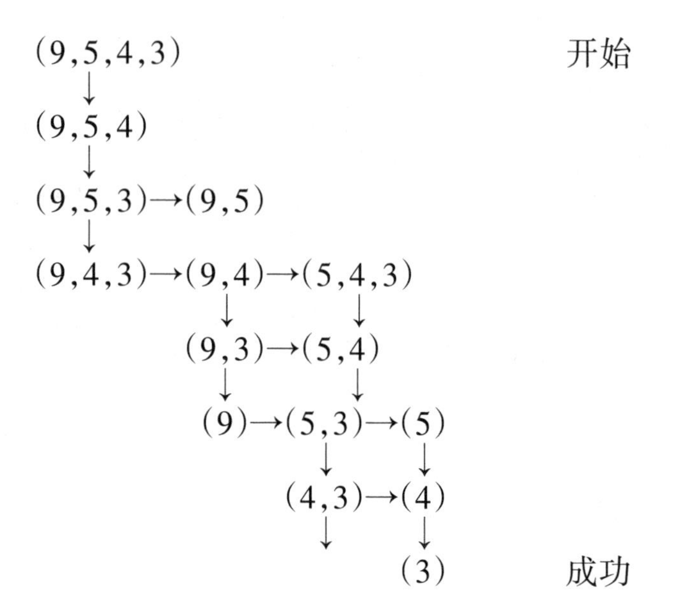

很明显，从（9，5，4，3）到（3），只要找到一条箭头方向一致的路线，海乔他们便得救了。

这个图与渡河的图不一样，连线是带箭头的，说明情况的演变是有方向的，不能够再退回去。这种图叫作“有向图”。

从图上可以看出，海乔他们有8种不同的方案可以逃生，而且只有这8种方案。这就是作图法的优点。它可以帮助你找出所有的方案，而不再停留在摸索和尝试阶段。

高塔逃生是个故事，信不信由你，不过下面所说的确是真事了。

1963年，国外计算机科学家编出了一个名叫“猴子吃香蕉”的程序。一只没有生命的猴子（机器人），在房间里踱来踱去。忽然，它看见了挂在天花板上的一串香蕉，不禁垂涎欲滴。可是，它的手不够长，怎么也拿不到香蕉。猴子仍不死心，它开动脑筋，看到房间里还有一个台子和一块木板。于是，它就把木板架好，走到台子上，伸手抓到了香蕉。

猴子吃香蕉和海乔高塔逃生，是两个毫无关系的问题。可是，海乔和猴子都不自觉地运用了状态—手段分析法，来解决问题。

状态—手段分析法，是一种非常重要的数学

方法，在科学研究中用处很大。比如说，过去用人工方法合成维生素B_2，一个人需要一千年；现在采用状态—手段分析法，用电子计算机编个程序，只用6分钟就找到了6种不同的合成方法。你看，数学方法多么神奇！

乒乓球赛与洞察力

有101位乒乓健儿正在参加全国乒乓球赛，以便从这101名运动员中，产生一名全国冠军。这次比赛是通过抽签，按淘汰制进行的。谁都知道，乒乓球赛与踢足球、下象棋不一样，不可能出现平局的现象，即使双方势均力敌，也要分出胜负。因此，在一轮比赛全部结束后，失败者就失去了继续比赛的资格，而胜利者再抽签，以便进行第二轮比赛。现在问：一共要进行多少场比赛，才能最终产生冠军？

对此问题的一种常规分析方法是：第一轮共有50场比赛，有一人轮空；第二轮共有25场比赛，一人轮空；第三轮正好有13场比赛，无人轮空……按照这样的方式推理下去，容易得出，所需比赛场数一共是50+25+13+6+3+2+1=100。即总共举行了100场比赛。

上述分析方法是人人都能想到的，那么，是否还有更直截了当的方法呢？

一名中学生通过一种与众不同的方法解决了这个问题。

原来，他注意到：每场比赛必有一名失败者，因此，失败者人数与比赛场数之间是可以建立起“一一对应”关系的。现在既然有101位乒乓健儿参加比赛，而且最终决出一名全国冠军。可见，前前后后的失败者（包括“亚军”在内）总共有100人。因此，他立即做出判断，一共需要进行100场比赛，根本无须进行计算。

纽约大学石溪分校（杨振宁博士曾经工作过

的学校）的一位“离散数学”教授高度评价了这位中学生的智慧。他认为，这不仅反映那位中学生的解法出人意料地简单，也表明他对问题有更为深入、“一针见血”的了解。这位教授称这种能力为“洞察力”。在教学活动中，要特别发掘具有这种“洞察力”的青少年。

会捉老鼠的猫不叫

足球比赛中有许多怪异现象，结论往往有悖于普通常识，而其涉及的数字又是简单得不能再简单了：每场足球比赛，胜者得3分，负者得0分，平局各得1分。

在大名鼎鼎的英国高级科普杂志——《新科学家》（*New Scientist*）中，经常出现有关足球比赛的趣味问题。对此现象，我们国内似乎介绍得不多。本文仅举一例。

甲、乙、丙三队互相比赛，每两队之间的比赛场数同样多，然后根据得分的多少，决定哪一个队是最后的胜利者。

甲队在全部比赛结束之后，扬扬得意地声称：“我队赢的场数比你们两队中的任何一队都多。”

乙队岂肯示弱，立即反唇相讥：“本队输的场数比你们随便哪一队都少。”

唯有丙队的发言人躲在角落里一声不吭。新闻记者问他，他板着面孔说：“无可奉告。”

可是，出人意料的是：最后统计时，得分最高的队是丙队，真是“会捉老鼠的猫不叫”。

试问：这种结局可能吗？

答复是绝对可能。

举例如下：甲队与乙队赛了7场，甲胜乙2场，乙胜甲2场，其余3场打成平局；甲队与丙队赛了7场，甲胜丙3场，丙胜甲4场；乙队与丙队赛了7场，统统打平。

综合起来看：

甲胜5场，败6场，平局3场，得18分；

乙胜2场，败2场，平局10场，得16分；

丙胜4场，败3场，平局7场，得19分。

结果丙队名列榜首。

混淆不清

近年来，国外流行一种“一分钟智力题”。最初是由著名的数学家马丁·加德纳提出的。下面就是一道“一分钟智力题”。

英国人和美国人对日期各有一种习惯写法。例如3月12日，英国人写成3/12，而美国人则写成12/3。在其他国家的人看来，这个日期很容易弄混淆，因为12/3（或3/12）可以看成3月12日，也可以看成12月3日。

现在请你在一分钟内，说出一年中究竟有多少天会出现这种混淆不清的可能性？

想一想，显然，每个月只有前12天会出现这种混淆不清的局面。因为像5月13日这样的日子，无论把它写成5/13还是13/5，都不会引起任何的误解，其理由很简单，一年根本没有13个月。

那么，性急的人一定会说，一年共有12×12=144（天）会出现这种混淆不清的局面。但是，只要仔细想一想，便可知这个答案是错误的。因为月和日相同的日子（如6月6日）也是不会引起误会的。

所以，真正会出现混淆不清的日子，一年中只有144−12=132（天）。

钩心斗角争家产

日本江户时代，大阪有位腰缠万贯的大富翁，他生了6个儿子和6个女儿，让谁来继承自己庞大的家业呢?

脑筋最活络的儿子三郎第一个发表意见："让兄弟姐妹们随便排成一行，从左向右报数，报到右首第一人时，即逆向从右朝左接下来报数。在报数过程中，逢10者即被淘汰出局。这样往返进行，最后剩下谁，95%的家产就归他所有。"

兄弟姐妹12人的排队情况如下：

男 女 女 男 男 男 女 男 男 女 女 女

1 1 2 2 3 4 3 5 6 4 5 6

显然六个姐妹都是最早的牺牲品，这种报数淘汰法对“哥儿们”绝对有利。

岂料三郎的小算盘马上被排行第十二的敏子识破，而且这位小妹妹机智过人，她先不说破，直到五位姐姐都遭排斥后，她才装作恍然大悟地提出抗议：“这个方案太不公平了！我建议剩下的兄妹七人重新报数，从我开始先向左数，其余规则仍同以前一样。”父亲觉得小女儿言之有理，三郎和众兄弟也看不出可挑剔的地方，便都同意照她提出的新办法去做。

你说谁能得到这份家业？

小妹妹应站在什么位置？三郎应站在什么位置？如果中途不改变办法的话，家产该当属于谁？

通过模拟实验（仿真），可以判明：小妹妹应当排在最右面的位置上，照新办法报数的结果，她的六位兄长均先后被淘汰出局。于是，偌大的家当终于落到了她的头上。

让我们列出淘汰顺序：

女 女 女 女 女 男 男 男 男 男 男

4 2 5 1 3 4 3 6 1 5 2

可见最后剩下的是女6，即小妹妹。

如果中途不改变办法的话，则最后留下的应是三郎，所以他应站在图中男3的位置上，这家伙也是颇有心计的。

这个故事无疑是“继子立”问题的现代版，它是由日本数学史学会会长下平和夫教授在1987年访华时亲口告诉笔者的。这道趣题设计得相当巧妙，因为此类问题一般都是按圆圈报数，而本问题却推陈出新，在直线上往复进行。